essentials

essentials liefern aktuelles Wissen in konzentrierter Form. Die Essenz dessen, worauf es als „State-of-the-Art" in der gegenwärtigen Fachdiskussion oder in der Praxis ankommt. *essentials* informieren schnell, unkompliziert und verständlich

- als Einführung in ein aktuelles Thema aus Ihrem Fachgebiet
- als Einstieg in ein für Sie noch unbekanntes Themenfeld
- als Einblick, um zum Thema mitreden zu können

Die Bücher in elektronischer und gedruckter Form bringen das Expertenwissen von Springer-Fachautoren kompakt zur Darstellung. Sie sind besonders für die Nutzung als eBook auf Tablet-PCs, eBook-Readern und Smartphones geeignet. essentials: Wissensbausteine aus den Wirtschafts-, Sozial- und Geisteswissenschaften, aus Technik und Naturwissenschaften sowie aus Medizin, Psychologie und Gesundheitsberufen. Von renommierten Autoren aller Springer-Verlagsmarken.

Weitere Bände in der Reihe http://www.springer.com/series/13088

Martin Pieper

Quantenmechanik

Einführung in die mathematische Formulierung

Martin Pieper
FH Aachen, University of Applied
Sciences, Jülich, Deutschland

ISSN 2197-6708 ISSN 2197-6716 (electronic)
essentials
ISBN 978-3-658-28328-5 ISBN 978-3-658-28329-2 (eBook)
https://doi.org/10.1007/978-3-658-28329-2

Die Deutsche Nationalbibliothek verzeichnet diese Publikation in der Deutschen Nationalbibliografie; detaillierte bibliografische Daten sind im Internet über http://dnb.d-nb.de abrufbar.

Springer Spektrum

Springer Spektrum ist ein Imprint der eingetragenen Gesellschaft Springer Fachmedien Wiesbaden GmbH und ist ein Teil von Springer Nature.
Die Anschrift der Gesellschaft ist: Abraham-Lincoln-Str. 46, 65189 Wiesbaden, Germany

Was Sie in diesem *essential* finden können

- Postulate (Grundsätze) der Quantenmechanik
- Quantenzustände im Hilbertraum
- Operatoren als Beobachtungsgrößen
- Eigenwerte als Messwerte
- Wahrscheinlichkeitsinterpretation
- Diskrete Energieniveaus mit Entartung

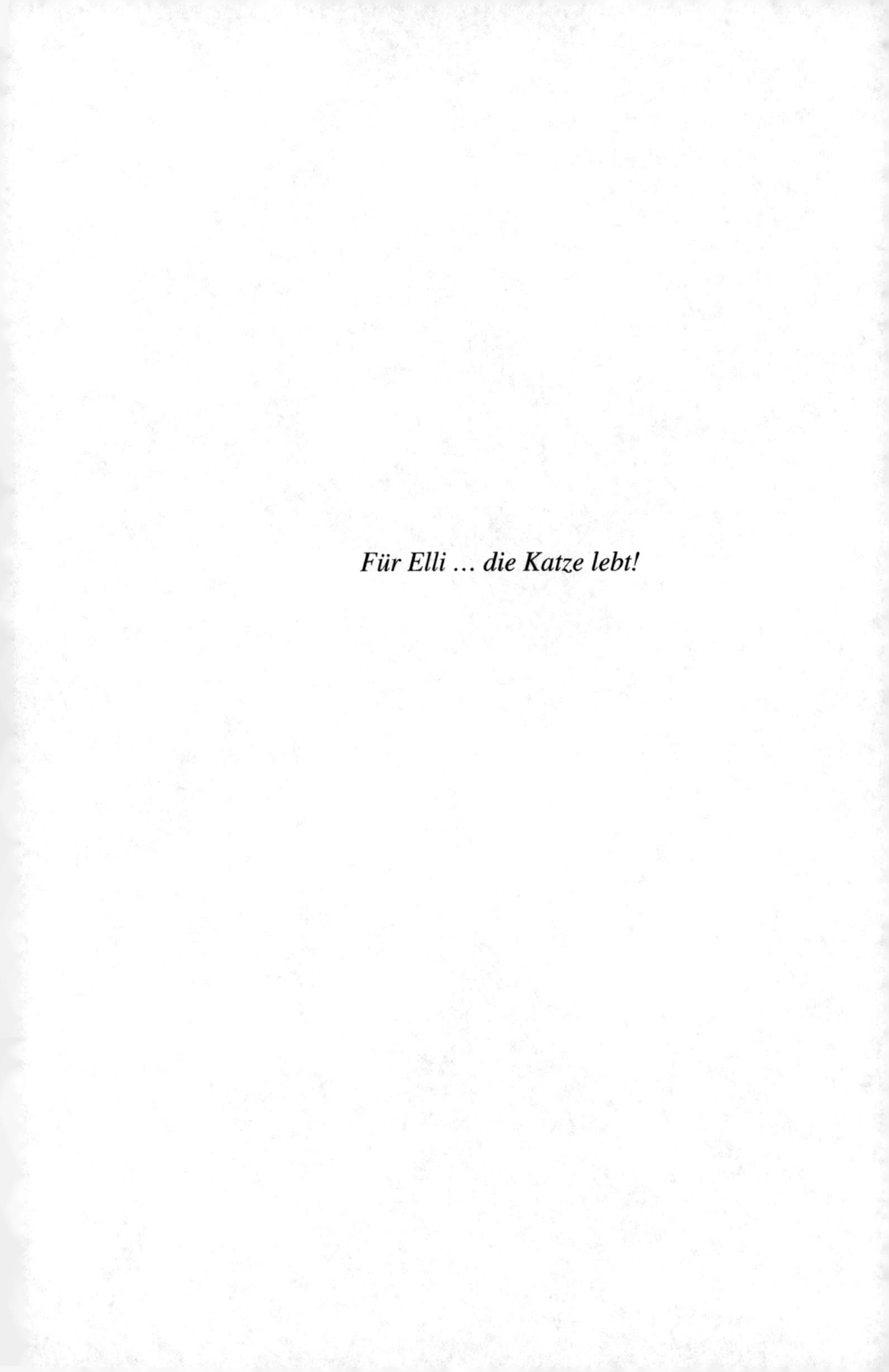

Für Elli … die Katze lebt!

Vorwort

Von Nils Bohr, Nobelpreisträger und Mitbegründer der Quantenmechanik, stammt das Zitat: „Denn wenn man nicht zunächst über die Quantentheorie entsetzt ist, kann man sie doch unmöglich verstanden haben". Das ist sicher zunächst etwas irritierend. Was ist gemeint? Die Resultate der Quantenmechanik bedeuten einen radikalen Bruch mit der klassischen Physik. Es können z. B. keine Aussagen mehr über konkrete Teilchenbahnen getroffen werden. Stattdessen werden nur Wahrscheinlichkeiten angegeben. Albert Einstein kommentierte dies eher skeptisch mit „Jedenfalls bin ich überzeugt, dass der Alte (Gott) nicht würfelt".

Trotzdem ist die moderne Physik, insbesondere die Quantenmechanik, aktuell beliebter denn je. Das gilt insbesondere für ein breites Publikum außerhalb der Physik-Community. Die Ursache sind vermutlich zahlreiche populärwissenschaftliche Bücher zum Thema, aber nicht zuletzt auch der Erfolg der Fernsehserie „Big Bang Theory". So kennen viele das Schicksal von Schrödingers Katze und der eine oder die andere hat sich sicherlich schon gefragt, welche Hieroglyphen auf Sheldons Tafel stehen und was sie bedeuten. Genau diese Fragen will der vorliegende Text – zumindest teilweise – beantworten.

Das *essential* richtet sich daher an eine interessierte Leserschaft mit einer gewissen Grundausbildung in Mathematik, wie sie z. B. im Rahmen von natur- und ingenieurwissenschaftlichen Studiengängen vermittelt wird. Im Detail sollte die Ausbildung insbesondere lineare Algebra (Vektorrechnung) beinhalten. Vorkenntnisse in Physik, insbesondere in Quantenmechanik, sind nicht nötig. Hier genügen Grundkenntnisse im Rahmen der Schulphysik, die z. B. Begriffe wie Energie und Impuls umfassen.

Wir können in diesem Text lediglich eine Einführung in das Thema geben, die sich insbesondere auf den mathematischen Formalismus fokussiert. Daher gehen wir zwar über den Inhalt von populärwissenschaftlichen Büchern hinaus, werden aber natürlich nicht alle Details vollständig abdecken. Hierzu verweisen wir auf die zahlreichen Lehrbücher. Wir versuchen also den Spagat, einerseits möglichst wenig Formeln und abstrakte Begriffe zu verwenden, andererseits aber genügend Informationen zu geben, um die mathematische Formulierung der Quantenmechanik zu verstehen. Hierzu motivieren wir die Mathematik durch bekannte Beispiele aus der linearen Algebra, d. h. der Vektorrechnung.

Danksagung
Das Konzept zum vorliegenden Text entstand in Rahmen von unterschiedlichen Wahlfächern im Studiengang Physikingenieurwesen an der FH Aachen. Ich bedanke mich daher bei allen Studierenden, die „Versuchskaninchen" gespielt haben und mir wertvolles Feedback gegeben haben. Für die kritische Durchsicht des Textes und zahlreiche Hinweise danke ich insbesondere meinen „unerschütterlichen Erstlesern" Stephanie Kahmann, Elisabeth Nierle, Darius Mottaghy, Philipp Weyer und Nadja Hansen, letzterer insbesondere auch für die Unterstützung bei den Grafiken. Ein weiterer Dank gebührt dem Springer Verlag für die Möglichkeit dieses *essential* zu schreiben, hier vor allem Frau Ruhmann und Frau Schulz, die das Projekt begleitet haben.

Im Juli 2019 Martin Pieper

Inhaltsverzeichnis

1 Einleitung

Die Quantenmechanik bildet einen Teilbereich der theoretischen Physik und gehört zur modernen Physik, die im 20. Jahrhundert entstand. Die Hauptaufgabe der theoretischen Physik ist es, Naturphänomene durch mathematische Modelle zu beschreiben. Hierdurch können Experimente erklärt und Ergebnisse vorausberechnet werden. Sie untersucht dabei welche Messgrößen zur Beschreibung relevant sind, analysiert den universellen Zusammenhang zwischen ihnen und setzt sie durch mathematische Gleichungen in Beziehung zueinander. Es wird stets versucht, so wenige Gleichungen wie möglich zu verwenden und eine einheitliche Formulierung zu finden, die möglichst viele Phänomene, allgemein beschreiben kann. Hierin unterscheidet sich die theoretische Physik z. B. von den Ingenieurwissenschaften. In diesen ist in der Regel immer eine direkte Anwendung der Technik das Ziel, wozu speziell angepasste Modelle und Gleichungen verwendet werden.

Vor dem 20. Jahrhundert wurde die Bewegung von Körpern unter dem Einfluss von Kräften, wie z. B. die Himmelsmechanik oder der Ballwurf, allein durch die klassische Mechanik beschrieben. Die Grundlage hierfür bilden z. B. die Newton'schen Gesetze, welche die Bahnkurven liefern. Zahlreiche Experimente Ende des 19. Jahrhunderts zeigten jedoch, dass die klassische Mechanik bei der Beschreibung von atomaren Systemen versagt (vgl. z. B. [1]). Viele Phänomene, wie z. B. der Photoeffekt oder die Spektrallinien des Wasserstoffatoms, sind klassisch nicht mehr erklärbar. Daher musste eine neue Mechanik für atomare Systeme entwickelt werden. Als Ergebnis entstand die Quantenmechanik.

Die Hauptaufgabe der Quantenmechanik ist es also, Ergebnisse physikalischer Messungen an atomaren Systemen (Elementarteilchen, Atomen und Molekülen) vorherzusagen. Hierzu gehören z. B. die Bewegung atomarer Teilchen in elektromagnetischen Feldern, die Streuung von atomaren Teilchen untereinander oder der Aufbau von Atomen und Molekülen.

M. Pieper, *Quantenmechanik*, essentials,
https://doi.org/10.1007/978-3-658-28329-2_1

Um all diese unterschiedlichen Aufgabengebiete mit nur einer einheitlichen Theorie, d. h. wenigen Gleichungen und Annahmen beschreiben zu können, wurde ein radikaler Bruch mit der klassischen Mechanik vollzogen. Es mussten zahlreiche klassische Konzepte wie Bahnkurven oder deterministische Messergebnisse aufgegeben werden. Hierzu ist eine völlig neue Mathematik, die Funktionalanalysis, nötig. Sie entstand Anfang des 20. Jahrhunderts, fast zeitgleich zur Quantenmechanik, vor allem durch David Hilbert in Göttingen.

Genau diese einheitliche mathematische Beschreibung ist Gegenstand des *essentials.* Wir wollen die theoretischen und mathematischen Grundlagen der Quantenmechanik einer breiten Leserschaft näher bringen und damit Lust auf mehr Quantenmechanik machen.

Das *essential* beginnt in Kap. 2 mit zwei Beispielen, den Atommodellen nach Nils Bohr und Arnold Sommerfeld und der Beschreibung eines Teilchens im Potentialkasten. Das Ziel ist es typische quantenmechanische Phänomene wie diskrete, entartete Energiezustände und Überlagerungen von Zuständen einzuführen und diese aus mathematischer Sicht kurz zu diskutieren. Die hieraus gewonnenen Erkenntnisse werden im anschließenden Hauptkapitel genutzt, um die einheitliche mathematische Formulierung zu motivieren und plausibel zu machen.

Das Kap. 3 bildet den Kern des *essentials.* Wir versuchen die grundlegende mathematische Struktur der Quantenmechanik in Form von drei Postulaten (Grundsätze der Theorie) anzugeben und vor allem zu motivieren. Grundlage sind insbesondere die quantenmechanischen Zustände im Hilbertraum. Weiter befassen wir uns mit hermiteschen Operatoren und ihren Eigenwerten, die für mögliche Messwerte stehen. Außerdem geben wir an, wie die zugehörigen Wahrscheinlichkeiten berechnet werden.

Im letzten Kapitel diskutieren wir abschließend drei kleine Beispiele. Durch diese soll demonstriert werden, wie die eher abstrakten und theoretischen Postulate in der Praxis angewendet werden. Wir beginnen mit einem Gedankenexperiment, um einerseits die Notation nach Paul Dirac mit Bra- und Ket-Vektoren zu vertiefen und um andererseits entartete Zustände, wie wir sie z. B. beim Wasserstoffatom in Abschn. 2.1 beobachten, anschaulich zu erklären und zu behandeln. Das zweite Beispiel greift Schrödingers Katze auf. Konkret werden wir die Überlagerung von Zuständen und ihre Interpretation besprechen. Den Abschluss bildet der Stern-Gerlach-Versuch. Ausgehend von experimentellen Beobachtungen wenden wir die Postulate an, um das System zu beschreiben. Als Ergebnis stellen wir fest, dass die bisher unbekannte Eigenschaft „Teilchenspin" der Grund für die Messergebnisse im Versuch ist.

2 Quantenmechanische Phänomene

Wir beginnen das *essential* mit zwei einfachen Problemen aus der Quantenmechanik. Die Beispiele demonstrieren typische Effekte, die der mathematische Formalismus, der in Kap. 3 diskutiert wird, korrekt beschreiben muss.

2.1 Atommodelle nach Bohr und Sommerfeld

Das Bohr'sche Atommodell (1913) geht von einem schweren, positiv geladenen Kern aus, der von negativ geladenen Elektronen auf Kreisbahnen umlaufen wird. Es sind jedoch nicht alle klassisch möglichen Bahnen erlaubt, sondern nur bestimmte Bahnen, denen diskrete Energiewerte E_n zugeordnet werden. Hierbei wird das Energieniveau durch die Hauptquantenzahl $n \in \mathbb{N}$ charakterisiert. Springt oder fällt ein Elektron von einer Bahn auf eine andere, so wird elektromagnetische Strahlung mit der Frequenz $f = \Delta E/h$ emittiert oder absorbiert, wobei ΔE die Energiedifferenz der Bahnen bezeichnet und $h \approx 6{,}62 \cdot 10^{-34}$ Js das Planck'sche Wirkungsquantum (vgl. Abb. 2.1).

Wir betrachten als Beispiel das Wasserstoffatom. Hier können wir mit dem Atommodell z. B. die experimentell ermittelten Spektrallinien erklären. Die Formel nach Nils Bohr stimmt exakt mit der empirisch gefundenen Formel von Johann Jakob Balmer und Johannes Rydberg überein. Eine weitere Bestätigung für das Modell liefert der Franck-Hertz-Versuch, bei dem ebenfalls diskrete Energieniveaus in Atomen beobachtet werden.

Das einfache Modell nach Bohr versagt jedoch, wenn z. B. ein Magnetfeld angelegt wird. In diesem Fall spalten sich die Spektrallinien auf (Zeeman-Effekt). Der Grund hierfür ist, dass die Energieniveaus E_n entartet sind. Dies kann durch das Bohr-Sommerfeld'sche Atommodell erklärt werden:

M. Pieper, *Quantenmechanik*, essentials,
https://doi.org/10.1007/978-3-658-28329-2_2

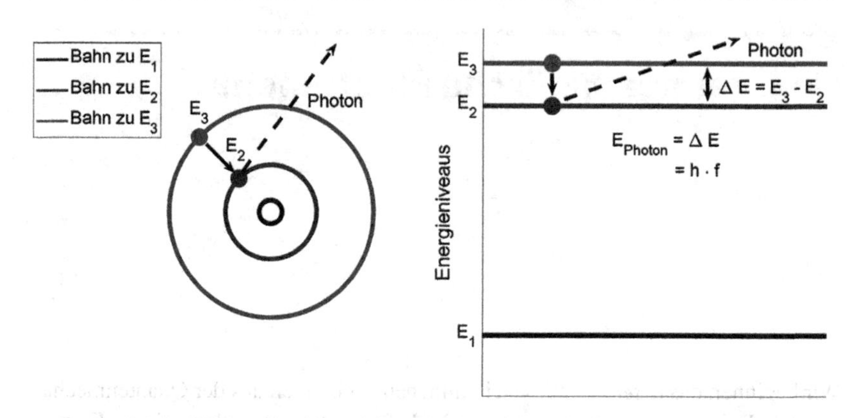

Abb. 2.1 Emittiertes Photon beim Energiesprung von E_3 nach E_2

Arnold Sommerfeld erweiterte 1916 das Bohr'sche Modell, indem er auch Ellipsenbahnen zuließ, auf denen die Elektronen den Kern umlaufen. Zur Beschreibung einer Ellipse sind insgesamt drei Parameter nötig, daher genügt die Quantenzahl n nicht mehr. Sommerfeld führte zusätzlich die Nebenquantenzahlen ℓ und m ein. Zur exakten Charakterisierung des quantenmechanischen Zustandes ist nun also die Angabe der Hauptquantenzahl n und der beiden Nebenquantenzahlen ℓ und m nötig.

Ohne äußere Felder hängen die diskreten Energieniveaus E_n immer noch nur von der Hauptquantenzahl n ab und nicht von ℓ und m. Der Energiezustand E_n wird jedoch entartet genannt, da zu E_n mehrere mögliche Bahnen (Zustände) existieren (vgl. Abb. 2.2). Eine Messung des Energiewertes E_n legt also nicht eindeutig den Zustand fest, da wir nicht wissen, auf welcher Bahn sich das Elektron befindet.

Wenn ein äußeres Magnetfeld vorhanden ist, hängen die diskreten Energiewerte auch von der magnetischen Quantenzahl m ab (daher der Name). In diesem Fall spaltet sich das Energieniveau E_n in $2\ell + 1$ äquidistante Zeeman-Niveaus auf. Es wird also ein Teil der Energieentartung aufgehoben und der Zustand ist genauer definiert.

Die Vorstellung von Bahnen, auf denen die Elektronen den Atomkern umkreisen, ist mittlerweile überholt. In der modernen Quantenmechanik ergibt die Angabe einer Teilchenbahn keinen Sinn mehr. Stattdessen werden Aussagen zur Aufenthaltswahrscheinlichkeit des Teilchens gemacht. Trotzdem sind die Beobachtungen zur Energieentartung weiter gültig.

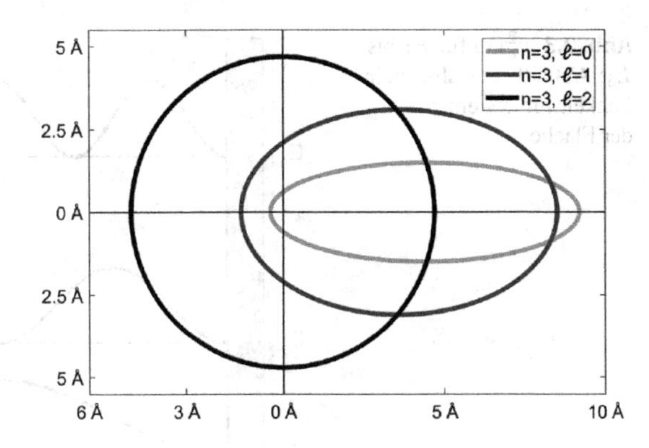

Abb. 2.2 Drei mögliche Bahnen für den Energiezustand E_3

2.2 Teilchen im Potentialkasten

Wir wollen in diesem Abschnitt das Auftreten von diskreten Energieniveaus etwas besser verstehen. Hierzu betrachten wir als Beispiel ein freies Teilchen, das in einem eindimensionalen Potentialkasten mit unendlich hohen Potentialwänden gefangen ist (vgl. Abb. 2.3). Im Kasten der Länge L wirken keine Kräfte auf das Teilchen, d. h. hier verschwindet die potentielle Energie.

Nach den Gesetzen der klassischen Mechanik oszilliert das Teilchen im Kasten zwischen den Wänden. Die Bewegung wird eindeutig durch den Zustand, d. h. die Angabe des Ortes $x(t)$ und des Impulses $p(t)$ zur Zeit t, festgelegt. Das Teilchen kann hierbei jeden beliebigen Energiewert $E \geq 0$ annehmen.

2.2.1 Quantenmechanische Zustände

Bei mikroskopischen Systemen, die durch die Quantenmechanik beschrieben werden, können wir den klassischen Zustand des Teilchens nicht mehr exakt angeben. Den Grund liefert die Heisenberg'schen Unschärferelation (1927). Sie besagt, dass Ort und Impuls nicht gleichzeitig scharf gemessen werden können. Genauer gilt für die Streuung σ_x bei der Ortsmessung und die Streuung σ_p bei der Impulsmessung die Ungleichung

$$\sigma_x \cdot \sigma_p \geq \frac{\hbar}{2},$$

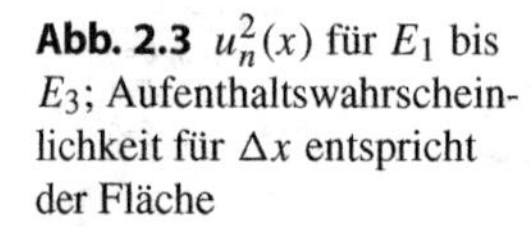

Abb. 2.3 $u_n^2(x)$ für E_1 bis E_3; Aufenthaltswahrscheinlichkeit für Δx entspricht der Fläche

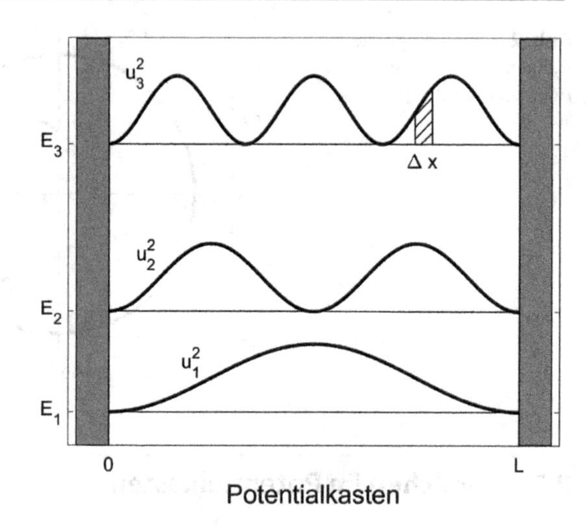

wobei $\hbar \approx 1{,}05 \cdot 10^{-34}$ Js das reduzierte Planck'sche Wirkungsquantum bezeichnet. Wenn wir also den Ort des Teilchens sehr genau messen, ist σ_x klein. Das bedeutet aber, dass σ_p so groß sein muss, dass die Ungleichung erfüllt ist. Insbesondere kann σ_p nicht auch gleichzeitig beliebig klein werden. Analog liefert eine sehr genaue Messung des Impulses eine Unschärfe im Ort, entsprechend der Ungleichung.

Wichtig in diesem Zusammenhang ist die Feststellung, dass es sich um ein prinzipielles Naturgesetz handelt, welches nicht auf Grund von irgendwelchen Messfehlern oder ungenauen Messapparaturen entsteht. Zum besseren Verständnis geben wir eine semiklassische Erklärung für die Unschärferelation an, die auf Werner Heisenberg selbst zurückgeht (vgl. [2] für weitere Erklärungen):

Wir benötigen eine Messapparatur, z. B. ein Mikroskop, um den Ort eines Teilchens messen zu können. Die Genauigkeit wird hierbei durch die Wellenlänge des verwendeten Lichts bestimmt. Eine kleinere Wellenlänge liefert ein genaueres Ergebnis. Bei der Messung trifft ein Photon unser Teilchen, wird reflektiert oder gebeugt und im Mikroskop registriert. Im Moment der Ortsmessung, wenn das Photon auf das Teilchen trifft, ändert sich aber der Impuls unseres Teilchens unstetig. Diese Änderung hängt von der Energie des Photons ab. Sie wird umso größer, je kleiner die Wellenlänge des Lichts ist, d. h. je genauer die Ortsmessung ist. Daher wird in dem Moment, in dem wir den Ort kennen, der Impuls des Teilchens unbestimmt.

Wir haben festgestellt, dass wir den klassischen Zustand bei atomaren Systemen nicht bestimmen können. Stattdessen führen wir einen neuen quantenmechanischen Zustand ein. Nach Erwin Schrödinger wird dieser durch eine Wellenfunktion $\psi(t, x)$ beschrieben, die vom Ort x und der Zeit t abhängt. Diese hat jedoch keine direkte physikalische Bedeutung und dient eher als „Hilfsgröße" bei der Berechnung. Erst im Zusammenhang mit der Wahrscheinlichkeitsinterpretation nach Max Born können Aussagen zur Physik gemacht werden:

Für das Teilintervall $[a, b] \subset [0, L]$ kann die Aufenthaltswahrscheinlichkeit, das Teilchen zur Zeit t im Intervall $[a, b]$ anzutreffen, durch das Integral über das Betragsquadrat $|\psi(t, x)|^2$ der Wellenfunktion bestimmt werden:

$$W(t, [a, b]) = \int_a^b |\psi(t, x)|^2 \, dx. \tag{2.1}$$

Wie bereits erwähnt, stellen wir fest, dass in der Quantenmechanik nur Aussagen über mögliche Messergebnisse und die Wahrscheinlichkeiten gemacht werden können, mit denen sie auftreten. Die Frage nach konkreten Teilchenbahnen ergibt keinen Sinn.

Wir interessieren uns in diesem Abschnitt nicht für die zeitliche Entwicklung des Zustandes, daher betrachten wir nur den ortsabhängigen Anteil $u(x)$ der Wellenfunktionen $\psi(t, x) = v(t) \cdot u(x)$. Dieser wird durch die zeitunabhängige Schrödingergleichung

$$-\frac{\hbar^2}{2m} \frac{d^2}{dx^2} u(x) = E u(x) \tag{2.2}$$

beschrieben. Hierbei bezeichnet m die Teilchenmasse. Auf der linken Seite steht die zweite Ableitung bzgl. x von $u(x)$. Weiter ist E eine Konstante, die sich als Energie herausstellen wird. Das Teilchen kann sich nur im Kasten aufhalten. Es genügt also die Gleichung im Intervall $[0, L]$ zu betrachten. Außerhalb des Kastens und am Rand ist die Aufenthaltswahrscheinlichkeit null, d. h. die Wellenfunktion $u(x)$ verschwindet hier. Diese Tatsache wird als Randbedingung bezeichnet.

Die Lösung von Gl. 2.2 diskutieren wir im nächsten Abschnitt. Vorher wollen wir die Konstante E noch etwas näher betrachten. Dazu formen wir Gl. 2.2 um und vergleichen die Einheiten:

$$E = -\frac{\hbar^2}{2m}\frac{d^2}{dx^2}\cancel{\psi}\,\frac{1}{\cancel{\psi}} \quad\rightarrow\quad \frac{(Js)^2}{kg}\,\frac{1}{m^2} = \frac{\left(\frac{kg\,m^2}{s^2}s\right)^2}{kg}\,\frac{1}{m^2} = \frac{kg\,m^2}{s^2} = J.$$

Wir stellen fest, dass es sich bei der Konstanten E um eine Energiegröße handelt, mit der Einheit Joule.

2.2.2 Diskrete Energieniveaus und Aufenthaltswahrscheinlichkeiten

Als nächstes interessieren wir uns für die möglichen Energiewerte, die das Teilchen annehmen kann. Hierzu müssen wir Gl. 2.2 lösen, d. h. wir suchen Funktionen, die zweimal abgeleitet ein Vielfaches ihrer selbst ergeben. Es bieten sich die trigonometrischen Funktionen $\sin(\lambda x)$ und $\cos(\lambda x)$, mit einer näher zu bestimmenden Konstanten λ, an. Wegen der Randbedingung muss u am Rand verschwinden. Für den Kosinus gilt allerdings immer $\cos(0) = 1$. Als mögliche Lösung bleibt also nur der Sinus übrig.

Wir bestimmen λ nun so, dass einerseits der Sinus in unseren Kasten passt, d. h. dass wir Nullstellen am Rand haben und andererseits $\sin(\lambda x)$ die Differentialgleichung 2.2 erfüllt. Wir erhalten zwei Bedingungen:

$$\lambda \cdot L = n \cdot \pi \quad \text{und} \quad \lambda^2 = \frac{2mE}{\hbar^2}.$$

Die diskreten Energiewerte ergeben sich durch Kombination der beiden Ausdrücke:

$$\frac{n^2\pi^2}{L^2} = \frac{2mE}{\hbar^2} \quad\Rightarrow\quad E = \frac{\hbar^2\pi^2}{2mL^2}n^2.$$

Die Energiewerte E werden üblicherweise mit einem Index n gekennzeichnet: E_n. Analog zum Atommodell wird n als Quantenzahl bezeichnet und durchläuft die natürlichen Zahlen (ohne Null). Die zugehörigen Lösungen erhalten ebenfalls einen Index: $u_n(x)$.

Die Aufenthaltswahrscheinlichkeit für den Ort des Teilchens gibt nach Born's Wahrscheinlichkeitsinterpretation das Quadrat der Wellenfunktion $u_n^2(x)$ an. Zuerst müssen wir aber normieren: Das Integral von $u_n^2(x)$ über den kompletten Kasten muss eins ergeben, damit sich das Teilchen mit Wahrscheinlichkeit eins, sicher im Kasten befindet. Wir erhalten final:

$$u_n(x) = \sqrt{\frac{2}{L}} \sin\left(\frac{n\pi}{L} x\right) \quad \Rightarrow \quad u_n^2(x) = \frac{2}{L} \sin^2\left(\frac{n\pi}{L} x\right).$$

Die Abb. 2.3 zeigt $u_n^2(x)$ für die ersten drei Energieniveaus. Die Fläche unter der Kurve gibt die Aufenthaltswahrscheinlichkeit an (vgl. Gl. 2.1). Im Gegensatz zur klassischen Mechanik existieren bevorzugte Bereiche (z. B. Peaks), in denen sich das Teilchen aufhält und Bereiche, in denen die Aufenthaltswahrscheinlichkeit gering ist (z. B. Nullstellen). Weiter kann das Teilchen nicht jeden beliebigen Energiewert $E \geq 0$ annehmen, sondern nur die diskreten Energieniveaus E_n.

2.2.3 Korrespondenzprinzip und Hamiltonoperator

Wir wollen nun Gl. 2.2 besser verstehen, d. h. insbesondere die mathematische Struktur. Wegen der Konstante E betrachten wir zunächst die Gesamtenergie des Teilchens. Bei unserem Problem besteht die Energie nur aus dem Anteil der kinetischen Energie, da die potentielle Energie im Kasten nach Voraussetzung verschwindet:

$$E_{ges} = E_{kin} = \frac{1}{2} m v^2 = \frac{p^2}{2m}, \tag{2.3}$$

Wir bezeichnen mit v die Teilchengeschwindigkeit und mit $p = mv$ den zugehörigen Impuls.

In der Quantenmechanik werden die Beobachtungsgrößen der klassischen Mechanik, sogenannte Observable, durch Korrespondenzregeln (vgl. [3], Abschn. 3.5, Korrespondenzprinzip) zu Operatoren. Aus mathematischer Sicht handelt es sich bei Operatoren um Rechenvorschriften, die auf Zustände angewendet werden. Zur Kennzeichnung verwenden wir ein Dach über den entsprechenden Buchstaben.

Als Beispiel betrachten wir den Ortsoperator $\hat{x}$ und den Impulsoperator $\hat{p}$:

$$\hat{x}\,[u(x)] = x \cdot u(x) \quad \text{und} \quad \hat{p}\,[u(x)] = -i\hbar \frac{d}{dx} u(x).$$

Wir sehen, dass die Operatoren auf die Wellenfunktion $u(x)$ angewendet werden. Beim Ortsoperator handelt es sich um einen Multiplikationsoperator, der die Wellenfunktion mit dem Ort x multipliziert. Der Impulsoperator hingegen ist ein Ableitungsoperator, bei dem die Wellenfunktion bzgl. x abgeleitet wird.

Das Korrespondenzprinzip bedeutet nun konkret, dass wir in den klassischen Ausdrücken die Observablen Ort und Impuls durch ihre zugehörigen Operatoren ersetzen. Im Fall der Gesamtenergie (vgl. Gl. 2.3) erhalten wir

$$E_{ges} = \frac{p^2}{2m} \quad \Rightarrow \quad \hat{H} = -\frac{\hbar^2}{2m}\frac{d^2}{dx^2},$$

indem wir den Ableitungsoperator für den Impuls p einsetzen. Es tritt die zweite Ableitung auf, da p^2 bedeutet, dass die Ableitung zweimal angewendet wird.

In der klassischen Mechanik ist die Hamilton-Funktion eng mit der Gesamtenergie verbunden. Wir sprechen aus diesem Grund vom Hamiltonoperator, der mit $\hat{H}$ bezeichnet wird. Ein Vergleich mit Gl. 2.2 liefert:

$$-\frac{\hbar^2}{2m}\frac{d^2}{dx^2}u(x) = Eu(x) \quad \Leftrightarrow \quad \hat{H}u(x) = Eu(x).$$

Die stationäre Schrödingergleichung kann daher als Eigenwertproblem für den Hamiltonoperator gesehen werden: Wir suchen Eigenfunktionen $u(x)$, die bei Anwendung des Hamiltonoperators auf ein Vielfaches abgebildet werden. Bei dem Vielfachen handelt es sich um den Energieeigenwert E. Dieses Eigenwertproblem ist völlig analog zur Suche nach Eigenwerten und -vektoren bei Matrizen in der linearen Algebra (vgl. Abschn. 3.2.2).

2.2.4 Präparation und Überlagerung von Zuständen

Aus mathematischer Sicht erfüllt auch jede Linearkombination der $u_n(x)$ die stationäre Schrödingergleichung und die Randbedingungen, d. h. auch

$$u(x) = \sum_{n=1}^{\infty} c_n u_n(x) \tag{2.4}$$

ist ein möglicher Zustand. Hierbei sind $c_n \in \mathbb{C}$ Entwicklungskoeffizienten. Wie können wir solche Linearkombinationen aber physikalisch deuten?

Es handelt sich bei $u(x)$ um eine Superposition oder Überlagerung von verschiedenen Zuständen $u_n(x)$, ähnlich wie sich verschiedene Wellen überlagern können und eine neue resultierende Welle ergeben. In diesem Fall kombinieren wir die Eigenzustände $u_n(x)$ des Hamiltonoperators.

Solche Überlagerungen werden z. B. benötigt, um die experimentellen Anfangsbedingungen zu beschreiben, die durch die Präparation der Teilchenquelle festgelegt werden. Mathematisch verwenden wir wieder eine Wellenfunktion $u(x)$, die eben diese Anfangssituation zur Zeit $t = 0$ als quantenmechanischen Zustand beschreibt.

In der linearen Algebra stellen wir beliebige Vektoren durch Linearkombinationen von Basisvektoren dar. Analog können wir bestimmte Funktionen in Fourierreihen entwickeln, d. h. als Linearkombinationen von Sinus- und Kosinusfunktionen schreiben. Das gilt auch für den Anfangszustand $u(x)$, den wir bzgl. der Eigenfunktionen $u_n(x)$ des Hamiltonoperators in eine Reihe entwickeln:

$$u(x) = \sum_{n=1}^{\infty} c_n\, u_n(x) = \sum_{n=1}^{\infty} c_n \sqrt{\frac{2}{L}}\, \sin\left(\frac{n\pi}{L} x\right).$$

Wir erhalten eine Linearkombination, ähnlich wie in Gl. 2.4. Die Koeffizienten c_n sind hierbei passend zur Funktion u zu bestimmen, analog zu Fourierreihen.

Wir verstehen bereits die Bedeutung der Wellenfunktionen $u_n(x)$. Wie können wir aber die Entwicklungskoeffizienten c_n physikalisch interpretieren? Dazu berechnen wir den Erwartungswert für die Energie, die durch den Hamiltonoperator beschrieben wird (vgl. [4], Abschn. 5.4.):

$$\langle \hat{H} \rangle = \int_0^L u(x)^*\, \hat{H}\, u(x)\, dx = \sum_{n=1}^{\infty} |c_n|^2\, E_n. \tag{2.5}$$

Die Klammer $\langle \hat{H} \rangle$ bezeichnet den Erwartungswert der Energie. Der Stern steht für die komplex konjugierte Zahl, da Wellenfunktionen im allgemeinen auch komplexe Werte annehmen können. Für eine komplexe Zahl $z = a + bi$ ist die komplex konjugierte Zahl durch $z^* = a - bi$ definiert.

Wir vergleichen den Ausdruck in Gl. 2.5 mit der Standardformel aus der Stochastik für den Erwartungswert

$$E(X) = \sum_n p_n\, x_n.$$

Hier ist p_n die Wahrscheinlichkeit dafür, dass die Zufallsvariable X den Wert x_n annimmt. Durch Koeffizientenvergleich stellen wir fest, dass die Betragsquadrate $|c_n|^2$ der Entwicklungskoeffizienten c_n als Wahrscheinlichkeiten aufgefasst werden können. Sie geben die Wahrscheinlichkeit dafür an, dass sich das Teilchen bei einer Messung, nach Präparation durch $u(x)$ im Zustand $u_n(x)$ befindet und den Energiewert E_n annimmt.

In der linearen Algebra [illegible] Vektoren durch Linearkombinationen von Basis[illegible] [illegible] Analogie können [illegible] bestimmte Funktionen in Fourierreihen entwickelt [illegible] als [illegible] Kombinationen von Sinus- und Kosinusfunktionen schreiben [illegible] den Anfangszustand $\psi(x)$, den wir [illegible] Eigenfunktionen [illegible] des Hamiltonoperators in eine Reihe entwickeln.

$$\psi(x) = \sum_n a_n \sqrt{\frac{2}{L}} \sin\left(\frac{n\pi x}{L}\right)$$

Wir wollen eine Linearkombination [illegible] wie in Gl. [illegible] die Koeffizienten a_n [illegible] passend zur Funktion ψ zu bestimmen, analog [illegible] Fourierreihen. [illegible] die Bedingung der Wellenfunktionen [illegible] Koeffizienten [illegible] physikalisch interpretieren [illegible] für die Energie, die durch den Hamiltonoperator [illegible] Abschn. 5.4.)

[illegible]

[illegible] die Dirac-Schreibweise [illegible] Wellenfunktionen im allgemeinen auch komplex [illegible] komplexe Zahl $z = a + ib$ [illegible] die komplex [illegible]

[illegible] der Standardnormierung [illegible]

$$[illegible] = \sum_n [illegible]$$

[illegible] dass die Zufallsvariable [illegible] den Wert [illegible] annimmt [illegible] sollten wir [illegible] dass [illegible] squa- [illegible] der Entwicklung [illegible] als Wahrscheinlichkeiten aufgefasst [illegible] Wahrscheinlichkeiten [illegible] nach das Teil[illegible]

Mathematische Formulierung

3

In diesem Kapitel wollen wir die allgemeine mathematische Formulierung der Quantenmechanik angeben und verstehen. Hierzu werden zunächst unterschiedliche Darstellungsformen diskutiert, bevor wir unsere Erkenntnisse in Postulaten zusammenfassen und diese näher untersuchen. Als Abschluss geben wir ein „Kochrezept" vor, wie quantenmechanische Aufgaben gelöst werden.

3.1 Darstellungsformen

In Abschn. 2.2 haben wir ein Teilchen betrachtet, welches im Potentialkasten gefangen ist. Das Teilchen wurde durch den quantenmechanischen Zustand mithilfe einer Wellenfunktion $u(x)$ beschrieben. Dieser Ansatz stammt von Erwin Schrödinger (1926). Er fasst Teilchen als Wellen auf, denen Wellenfunktionen zugeordnet werden.

Parallel wurde die Matrizenmechanik von Werner Heisenberg, Max Born und Pascual Jordan entwickelt (1925–1926). Sie beschreiben Observable durch Matrizen mit unendlich vielen Einträgen. Die Zustände sind entsprechend Vektoren mit unendlich vielen Komponenten.

Welcher Ansatz ist nun der richtige? Die Antwort lautet: „Beide!", da sie die gleichen physikalischen Vorhersagen liefern, also gleichwertig sind. Schrödinger zeigte 1926 als erster die Äquivalenz. Es folgten weitere Beweise. Insbesondere John von Neumann stellte die Quantenmechanik auf eine strenge mathematische Basis (vgl. [5]):

M. Pieper, *Quantenmechanik,* essentials,
https://doi.org/10.1007/978-3-658-28329-2_3

Die Wellenfunktionen und die Zustandsvektoren sind nur unterschiedliche Darstellungsformen einer allgemeinen mathematischen Struktur, dem Hilbertraum, welcher der Quantenmechanik zu Grunde liegt.

Wir wollen diesen Punkt besser verstehen und betrachten eine 2π-periodische Funktion $f(t)$, die wir in eine Fourierreihe entwickeln:

$$f(t) = \sum_{n \in \mathbb{Z}} c_n \, e^{int}. \tag{3.1}$$

Es spielt nun keine Rolle, ob wir mit der Funktion $f(t)$ arbeiten oder ob wir die Entwicklungskoeffizienten c_n verwenden. Beide Darstellungen besitzen die gleichen Informationen. Wir haben die Wahl zwischen der Funktion auf der einen, und einem unendlich langen Vektor, der aus den Entwicklungskoeffizienten gebildet wird, auf der anderen Seite:

$$f(t) \quad \Leftrightarrow \quad (\ldots, c_{-2}, c_{-1}, c_0, c_1, c_2, \ldots). \tag{3.2}$$

Analog haben wir in der Quantenmechanik die Freiheit eine konkrete Darstellungsform für die Zustände und Observablen zu wählen. Entscheidend ist die grundsätzliche Struktur der Beschreibung, die sich als separabler Hilbertraum herausstellen wird, auf dem lineare, hermitesche Operatoren definiert werden.

3.2 Postulate der Quantenmechanik

In den folgenden Abschnitten fassen wir die allgemeine Beschreibung der Quantenmechanik in drei Grundpostulaten zusammen. Diese leiten wir aus physikalisch und mathematisch sinnvollen Forderungen und Annahmen ab. Als Spezialfälle beinhalten die Postulate die Wellenmechanik und die Matrizenmechanik. Insbesondere motivieren wir die abstrakten Begriffe durch bekannte Beispiele aus der Vektorrechnung. Wir verzichten dabei auf formale mathematische Definitionen und Beweise und verweisen stattdessen auf die zahlreiche Literatur (z. B. [3, 4] oder [5]). Weiter beschränken wir uns auf den Fall diskreter Eigenwertspektren, was zum grundsätzlichen Verständnis ausreicht.

3.2.1 Postulat 1: Zustände im Hilbertraum

Im Abschn. 2.2 haben wir Wellenfunktionen verwendet, um das Teilchen im Potentialkasten zu beschreiben. Diese wurden als quantenmechanischer Zustand aufgefasst.

In der Physik bilden Zustände generell die Grundlage jeder Systembeschreibung. Daher diskutieren wir zuerst die nötigen Eigenschaften allgemeiner quantenmechanischer Zustände. Zur Motivation verwenden wir die Wellenfunktionen.

Bei der Entwicklung seiner Wellenmechanik ging Schrödinger von de Broglies Materiewellen aus. Er hat versucht mathematisch zu beschreiben, dass sich Teilchen in gewissen Experimenten wie Wellen verhalten (vgl. [6], Kap. 2). Eines der wichtigen Wellenphänomene ist das sogenannte Superpositionsprinzip: verschiedene Wellen überlagern sich zu einer neuen resultierenden Welle. Analog können wir auch Wellenfunktionen überlagern und erhalten allgemeine Zustände (vgl. Abschn. 2.2.4 und 4.2).

Aus mathematischer Sicht handelt es sich bei der Überlagerung um eine Linearkombination. In der Vektorrechnung begegnen uns Linearkombinationen, wenn wir z. B. beliebige Vektoren durch die Standardbasisvektoren ausdrücken, was immer möglich ist:

$$2 \cdot \begin{pmatrix} 1 \\ 0 \end{pmatrix} + 6 \cdot \begin{pmatrix} 0 \\ 1 \end{pmatrix} = \begin{pmatrix} 2 \\ 6 \end{pmatrix}. \tag{3.3}$$

Durch den regelmäßigen Umgang mit Vektoren ist uns klar, dass wir zwei Vektoren addieren oder mit einer Zahl multiplizieren können. Als Ergebnis erhalten wir wieder einen Vektor. Gleiches gilt für unsere quantenmechanischen Zustände. Auch hier ergibt eine Linearkombination wieder einen Zustand. Für Vektoren haben wir gewisse Rechenregeln, die auch für Zustände gelten. So ist z. B. die Reihenfolge bei der Addition beliebig: $\vec{a} + \vec{b} = \vec{b} + \vec{a}$.

In der Mathematik werden alle Objekte, die sich wie Vektoren $\vec{a}$ verhalten, also den gleichen Rechenregeln wie Vektoren gehorchen, in einem sogenannten *Vektorraum* oder linearen Raum zusammengefasst. Daher sind auch unsere Zustände abstrakte Vektoren in einem Vektorraum.

Dies genügt uns aber leider nicht. Wir benötigen z. B. zur Berechnung von Erwartungswerten zusätzlich noch ein *Skalarprodukt* als Add-on. Bei zweidimensionalen Vektoren gilt:

$$\vec{a}^{\,T} \cdot \vec{b} = (a_1 \,,\, a_2) \cdot \begin{pmatrix} b_1 \\ b_2 \end{pmatrix} = a_1 b_1 + a_2 b_2, \tag{3.4}$$

wobei $\vec{a}^{\,T}$ den transponierten Vektor von $\vec{a}$ bezeichnet, d. h. einen Zeilenvektor, wenn wir generell Vektoren $\vec{a}$ als Spaltenvektoren auffassen.

Wo aber haben wir bisher ein Skalarprodukt in der Wellenmechanik verwendet? Um diese Frage zu beantworten, stellen wir zunächst fest, dass der Ausdruck

$$\langle u \mid v \rangle = \int u(x)^* \cdot v(x)\, dx \tag{3.5}$$

für die Wellenfunktionen $u(x)$ und $v(x)$ ein Skalarprodukt definiert. Wir zeigen nun, dass wir den Erwartungswert aus Gl. 2.5 mithilfe dieses Skalarproduktes ausdrücken können. Dazu ersetzen wir v durch $\hat{H}u$ und erhalten:

$$\left\langle u \,\middle|\, \hat{H}u \right\rangle = \int u(x)^* \cdot \hat{H}\, u(x)\, dx = \left\langle \hat{H} \right\rangle. \tag{3.6}$$

Analog wie beim Vektorraum, erfüllen auch die Ausdrücke in den Gl. 3.4 und 3.5 gewisse Rechenregeln, die in der Mathematik ein allgemeines Skalarprodukt definieren. Jedoch besitzt nicht jeder Vektorraum ein Skalarprodukt. Wir sprechen daher bei Vektorräumen mit Skalarprodukt speziell von *Prähilberträumen*.

Bevor wir den Prähilbertraum zu einem Hilbertraum erweitern, führen wir die Bra-Ket-Notation nach Paul Dirac ein: Allgemein werden Zustände durch Ket-Vektoren $|u\rangle$ beschrieben. Hierbei kann die Bezeichnung in den Klammern frei gewählt werden. Oft wird die Namensgebung der Zustände analog zu den Messwerten gewählt, wie z. B. $|a\rangle$ beim Messwert a. Üblich ist auch die Verwendung der Quantenzahlen, so bezeichnet $|n\rangle$ den Zustand, der z. B. zum Energiewert E_n der n-ten Bohr'schen Bahn gehört.

Diracs Notation hat den Vorteil, dass zu jedem Ket-Vektor $|a\rangle$ ein Bra-Vektor $\langle a|$ eingeführt werden kann. Dieser ist analog zum transponierten Vektor $\vec{a}^{\,T}$ zu sehen. Zusammengesetzt bilden Bra- und Ket-Vektor die übliche Klammer (engl. Bracket), die das allgemeine Skalarprodukt kennzeichnet:

$$\vec{a}^{\,T} \cdot \vec{b} \quad \leftrightarrow \quad \langle a|b\rangle,$$

wobei in der Mitte nur ein Strich und kein Doppelstrich verwendet wird.

In der Vektorrechnung sind zwei Vektoren orthogonal, wenn das Skalarprodukt verschwindet: $\vec{a}^{\,T} \cdot \vec{b} = 0$. Dieser Begriff kann analog auf allgemeine Zustände übertragen werden. Haben wir $\langle a|b\rangle = 0$, so sind die beiden Zustände $|a\rangle$ und $|b\rangle$ orthogonal. Diese Eigenschaft kann bei Zuständen leider nicht so einfach veranschaulicht werden wie bei Vektoren, die senkrecht aufeinander stehen. Es wird sich aber in den nächsten Abschnitten zeigen, dass sie trotzdem sehr nützlich ist.

Kommen wir noch einmal zurück zur Überlagerung von Zuständen und betrachten Gl. 2.4, jetzt in Bra-Ket-Notation:

$$|u\rangle = \sum_{n=1}^{\infty} c_n \, |u_n\rangle \,. \tag{3.7}$$

Im Gegensatz zur Linearkombination von Vektoren in Gl. 3.3, summieren wir unendlich viele Zustandsvektoren. Das liegt daran, dass der Vektorraum der Wellenfunktionen unendlichdimensional ist, die Vektoren $\vec{a}$ jedoch nur zweidimensional. Wir verdeutlichen diese Tatsache mit der Funktion $f(t)$ aus Abschn. 3.1: Wir benötigen unendlich viele Fourier-Koeffizienten (vgl. Gl. 3.1 und 3.2). Zur Beschreibung von $\vec{a}$ genügen hingegen zwei Vektorkomponenten.

Im Prinzip können wir in unendlichdimensionalen Vektorräumen genauso rechnen wie in endlichdimensionalen, es ergeben sich nur an ein paar Stellen Unterschiede, die wir berücksichtigen müssen. Das Teilgebiet der Mathematik, das sich mit unendlichdimensionalen Vektorräumen befasst, ist die Funktionalanalysis (vgl. z. B. [7]). Sie bildet somit die mathematische Grundlage der Quantenmechanik.

Wir wären an dieser Stelle fertig, wenn wir nur Zustände aus endlichdimensionalen Vektorräumen betrachten würden. Die bisherigen Eigenschaften (Vektorraum mit Skalarprodukt) genügen zur Beschreibung. In der Quantenmechanik haben wir es allerdings in der Regel mit unendlichdimensionalen Vektorräumen zu tun, daher müssen wir zwei weitere Forderungen stellen:

Bei der Auswertung der unendliche Summe in Gl. 3.7 berechnen wir aus Sicht der Mathematik einen Grenzwert. Es kann allerdings vorkommen, dass der Grenzwert nicht mehr zu unserem Vektorraum gehört, d. h. kein Zustand ist und damit keine physikalische Bedeutung besitzt.

Als Beispiel betrachten wir zur Veranschaulichung die Folge (vgl. Heron-Verfahren)

$$x_0 = 1\,, \quad x_{n+1} = \frac{x_n}{2} + \frac{1}{x_n}, n = 0, 1, 2, \ldots,$$

die aus rationalen Zahlen (Brüchen) gebildet wird und berechnen die ersten vier Folgeglieder:

$$x_0 = 1\,,\; x_1 = \frac{3}{2} = 1{,}5\,,\; x_2 = \frac{17}{12} = 1{,}4166\ldots\,,\; x_3 = \frac{577}{408} = 1{,}4142\ldots$$

Wir vermuten den Grenzwert $\sqrt{2} = 1{,}4142\ldots$, der allerdings kein Bruch ist, d. h. nicht zu den rationalen Zahlen gehört. Wir müssen die rationalen Zahlen daher um die irrationalen Zahlen (wie $\sqrt{2}$) erweitern, damit unsere Folge einen Grenzwert besitzt. In der Mathematik werden die reellen Zahlen als vollständig bezeichnet. Hier sind die Grenzwerte aller konvergenten Folgen wieder reelle Zahlen. Die rationalen Zahlen sind hingegen nicht vollständig, wie das Beispiel zeigt.

Wir müssen also zusätzlich fordern, dass der Vektorraum *vollständig* ist. Nur so können wir sicherstellen, dass unendliche Summen wie in Gl. 3.7 einen Grenzwert in unserem Vektorraum besitzen, d. h. wieder einen quantenmechanischen

Zustand liefern. Ein Prähilbertraum, der zusätzlich vollständig ist, wird als *Hilbertraum* bezeichnet.

Kommen wir zur zweiten Zusatzforderung: Zur Motivation betrachten wir die Linearkombination in Gl. 3.3. Hier haben wir die Standardbasisvektoren $\vec{e}_1 = (1\,,\,0)^T$ und $\vec{e}_2 = (0\,,\,1)^T$ verwendet. Diese bilden eine mögliche Basis des zweidimensionalen Vektorraums, d. h. wir können jeden beliebigen Vektor eindeutig als Linearkombination dieser Basis schreiben. Etwas Vergleichbares hätten wir gerne auch für die allgemeinen quantenmechanischen Zustände.

Zur Konstruktion dieser Basis gehen wir noch einmal zurück zum Vorgehen in Abschn. 2.2. Hier haben wir das Eigenwertproblem für den Hamiltonoperator gelöst und die Eigenzustände $|u_n\rangle$ gefunden. Anschließend haben wir in Gl. 2.4 durch Linearkombination der $|u_n\rangle$ beliebige Zustände gebildet. Wir hätten jetzt gerne, dass die Eigenzustände $|u_n\rangle$ eine Basis des Hilbertraums sind, d. h. dass wir alle möglichen Zustände als Linearkombination der $|u_n\rangle$ darstellen können. Hierzu muss sichergestellt werden, dass wir nur abzählbar unendlich viele Basisvektoren haben, damit wir die unendliche Summe bilden können. Hätten wir überabzählbar viele Vektoren (ein „größeres" Unendlich als das abzählbare), so wäre dies nicht möglich. Ein Hilbertraum mit abzählbarer Basis wird *separabel* genannt. Solche Hilberträume sind in einer gewissen Weise nicht „allzu groß" und damit „beherrschbar".

Wir fassen die gefundenen Eigenschaften für allgemeine quantenmechanische Zustände im ersten Postulat zusammen:

Postulat 1 (Reine Zustände) *Für jedes quantenmechanische System existiert ein separabler Hilbertraum $\mathcal{H}$, sodass sich jeder reine Zustand des Systems durch einen Vektor $|a\rangle \in \mathcal{H}$ des Hilbertraums darstellen lässt, bzw. dass jedem Vektor $|a\rangle \in \mathcal{H}$ aus dem Hilbertraum umgekehrt ein möglicher physikalischer Zustand entspricht.*

3.2.2 Postulat 2: Messwerte, Operatoren und Eigenwerte

Die Beispiele in Kap. 2 zeigen, dass die Quantenmechanik lediglich Aussagen über mögliche Messergebisse und deren Auftrittswahrscheinlichkeiten machen kann. Das zweite Postulat behandelt daher Observablen und ihre Messwerte.

Wir verallgemeinern die Beobachtungen vom Potentialkasten-Beispiel: Alle quantenmechanischen Observablen werden als Operatoren beschrieben, die auf Hilbertraumvektoren angewendet werden. Die Eigenwerte entsprechen den möglichen Messwerten und die Eingenvektoren sind die zugehörigen Eigenzustände. Im Folgenden wird lediglich konkretisiert, welche Eigenschaften die Operatoren besitzen müssen, damit wir sie physikalisch sinnvoll interpretieren können.

Auf Grund der linearen Struktur der Quantenmechanik werden speziell nur *lineare Operatoren* verwendet. Die Motivation lautet wie folgt: Wir können Zustände als Linearkombinationen schreiben (vgl. Gl. 3.7). Eine naheliegende Forderung ist dann, dass ein Operator $\hat{A}$ einzeln auf die Summanden wirken soll:

$$\hat{A}\,|u\rangle = \sum_{n=1}^{\infty} c_n\,\hat{A}\,|u_n\rangle\,.$$

Diese Eigenschaft charakterisiert aber gerade die linearen Operatoren. Im Beispiel oben wird $\hat{A}$ auf die Zustände $|u\rangle$ und alle $|u_n\rangle$ angewendet. Bei den zweidimensionalen Vektoren entsprechen die linearen Operatoren den 2×2 Matrizen, die wir häufiger zur Verdeutlichung verwenden werden.

Bevor wir eine weitere Eigenschaft von den Operatoren fordern, wenden wir uns den Messwerten, d. h. den Eigenwerten der Operatoren zu. Bei Eigenwerten handelt es sich um komplexe Zahlen mit einer bestimmten Eigenschaft: Zu jedem Eigenwert a gibt es einen Eigenvektor $|a\rangle \neq |0\rangle$, der ungleich null ist. Wenden wir den Operator $\hat{A}$ auf diesen Eigenvektor $|a\rangle$ an, so erhalten wir ein Vielfaches von $|a\rangle$. Das Vielfache entspricht dem Eigenwert a. Wir können dies kürzer durch mathematische Formeln ausdrücken: $\hat{A}\,|a\rangle = a\,|a\rangle$. Bei Eigenvektoren ist also die Abbildung sehr einfach, sie besteht lediglich aus einer Multiplikation mit dem Eigenwert. Es ist zu bemerken, dass Eigenwerte eindeutig bestimmt sind, bei Eigenzuständen haben wir jedoch gewisse Freiheiten, z. B. bzgl. der „Länge".

Zur Verdeutlichung betrachten wir die Matrix

$$A = \begin{pmatrix} 1 & 2 \\ 2 & 1 \end{pmatrix}.$$

Die Eigenwerte von A lauten $a_1 = -1$ und $a_2 = 3$ und mögliche Eigenvektoren sind z. B.

$$\begin{aligned} \begin{pmatrix} 1 & 2 \\ 2 & 1 \end{pmatrix} \cdot \begin{pmatrix} -1 \\ 1 \end{pmatrix} &= \begin{pmatrix} 1 \\ -1 \end{pmatrix} = (-1) \cdot \begin{pmatrix} -1 \\ 1 \end{pmatrix} \\ \begin{pmatrix} 1 & 2 \\ 2 & 1 \end{pmatrix} \cdot \begin{pmatrix} 1 \\ 1 \end{pmatrix} &= \begin{pmatrix} 3 \\ 3 \end{pmatrix} = 3 \cdot \begin{pmatrix} 1 \\ 1 \end{pmatrix}, \end{aligned} \tag{3.8}$$

allerdings wäre auch jedes Vielfache der Vektoren ein Eigenvektor.

Eigenwerte können aber auch komplexwertig sein, wie das folgende Beispiel zeigt. Die Matrix

$$B = \begin{pmatrix} 1 & 2 \\ -2 & 1 \end{pmatrix}.$$

besitzt die komplexen Eigenwerte $b_{1,2} = 1 \pm 2i$.

In der Quantenmechanik entsprechen die Eigenwerte den Messwerten. In Experimenten messen wir allerdings keine komplexen Zahlen, daher sind nur reelle Eigenwerte zulässig. Wir benötigen also noch eine zusätzliche Eigenschaft der Operatoren, die diese Forderung sicherstellt: Alle Operatoren müssen *hermitesch* sein.

Wir erläutern diese Eigenschaft für 2×2 Matrizen. Ein Vergleich der beiden Matrizen A und B im Beispiel oben zeigt, dass A symmetrisch ist: A stimmt mit der transponierten Matrix A^T überein ($A = A^T$). Die transponierte Matrix wird gebildet, indem die Einträge an der Diagonalen gespiegelt werden.

Bei komplexwertigen Matrizen A müssen wir transponieren und zusätzlich das komplex Konjugierte der Matrixeinträge bilden. Die so erhaltene Matrix A^+ heißt die adjungierte Matrix. Wir nennen eine Matrix *selbstadjungiert* bzw. *hermitesch,* wenn $A = A^+$ gilt. Analog wird die Definition auf allgemeine Operatoren erweitert, indem die Matrixeinträge über ein Skalarprodukt berechnet werden.

Hermitesche Operatoren besitzen eine Reihe von nützlichen Eigenschaften. Für uns sind vor allem die folgenden beiden wichtig: Alle Eigenwerte und alle Erwartungswerte, die nach Gl. 3.6 berechnet werden, sind reell.

Wir kennen damit fast alle Eigenschaften, um Observable und ihre Messwerte beschreiben zu können. Eine Eigenschaft fehlt aber noch. Diese betrifft die Eigenvektoren. Dazu betrachten wir noch einmal unser Beispiel für die Matrix A. In den Gl. 3.8 haben wir festgestellt, dass A die Eigenvektoren $\vec{a}_1 = (-1\,,\ 1)^T$ und $\vec{a}_2 = (1\,,\ 1)^T$ besitzt. Das Skalarprodukt

$$\vec{a}_1^T \cdot \vec{a}_2 = (-1\,,\ 1) \cdot \begin{pmatrix} 1 \\ 1 \end{pmatrix} = 0$$

der Eigenvektoren ist null, also sind sie orthogonal. Das ist kein Zufall, sondern gilt allgemein für hermitesche Operatoren. Zusätzlich können wir alle Eigenvektoren normieren, d. h. auf die Länge eins bringen. Ein solches System heißt dann orthonormiert.

Wir hätten zusätzlich gerne, dass das Orthonormalsystem von Eigenvektoren vollständig ist, d. h. eine Basis des Hilbertraums bildet. Dann können alle Zustände als Linearkombinationen des Systems geschrieben werden. Diese Tatsache demonstrieren wir am Vektor $(2\,,\ 6)^T$, den wir als Linearkombination der Eigenvektoren der Matrix A schreiben (vgl. auch Gl. 3.3):

$$2 \cdot \begin{pmatrix} -1 \\ 1 \end{pmatrix} + 4 \cdot \begin{pmatrix} 1 \\ 1 \end{pmatrix} = \begin{pmatrix} 2 \\ 6 \end{pmatrix}.$$

Leider wird diese Eigenschaft nicht von allen hermiteschen Operatoren erfüllt, daher müssen wir sie explizit fordern. Glücklicherweise ist es möglich, sie bei allen Operatoren, die physikalische Observable beschreiben, nachzuweisen.

Wir fassen unsere Beobachtungen im zweiten Postulat zusammen:

Postulat 2 (Observable und Messwerte) *Alle physikalischen Observablen, mit Ausnahme der Zeit, werden durch lineare, hermitesche Operatoren repräsentiert. Diese besitzen ein vollständiges System von orthonormierbaren Eigenzuständen. Die möglichen Messwerte sind die Eigenwerte der Operatoren.*

Bevor wir im nächsten Abschnitt das dritte Postulat herleiten, wollen wir uns noch um entartete Zustände kümmern, wie wir sie beim Bohr'schen Atommodell kennen gelernt haben. Von Entartung wird in der Quantenmechanik immer dann gesprochen, wenn es zu einem Messwert (Eigenwert) verschiedene linear unabhängige Eigenzustände gibt. Wir betrachten zur Verdeutlichung eine Observable, die durch die Matrix

$$C = \begin{pmatrix} 3 & 0 \\ 0 & 3 \end{pmatrix}$$

beschrieben wird und den doppelten Eigenwert $c = 3$ besitzt. Die Eigenvektoren sind z. B. die Standardbasisvektoren $\vec{e}_1$ und $\vec{e}_2$. Wir finden also zwei unterschiedliche linear unabhängige Eigenzustände, die zum gleichen Messwert $c = 3$ gehören. Daher sind die Zustände entartet. Durch Messung von $c = 3$ können wir nicht feststellen, ob sich das System im Zustand $\vec{e}_1$ oder $\vec{e}_2$ befindet.

Mathematisch hängt die Entartung also mit dem Eigenwert zusammen. Wir haben einen doppelten Eigenwert gefunden. Allgemein gilt, dass bei mehrfachen Eigenwerten entartete Zustände vorliegen.

Wir benötigen eine zweite Beobachtungsgröße um entscheiden zu können, in welchem Zustand sich das System genau befindet. Wenn wir z. B. bisher nur die Energie gemessen haben, bestimmen wir jetzt zusätzlich auch den Drehimpuls. Hierbei ist es wichtig, dass beide Observablen „verträglich", d. h. gleichzeitig scharf messbar sind. Der Ort und der Impuls wären ein Beispiel dafür, wo dies nicht der Fall ist.

Sind zwei Größen gleichzeitig scharf messbar, so spielt es keine Rolle, welche Größe wir zuerst messen. Die Messungen beeinflussen sich nicht. Diese

Eigenschaft kann auf die zugehörigen Operatoren übertragen werden: Die Operatoren vertauschen bzgl. der Multiplikation, was allgemein nicht der Fall ist. Wir betrachten hierzu ein Beispiel und führen eine zusätzliche Observable ein, die durch die Matrix

$$D = \begin{pmatrix} 1 & 3 \\ 3 & 1 \end{pmatrix}$$

beschrieben wird. Die Eigenwerte von D lauten $d_1 = -2$ und $d_2 = 4$.

Für die Matrizen C und D gilt $C \cdot D = D \cdot C$, d. h. sie vertauschen bzgl. der Matrixmultiplikation. Wir können also D verwenden, um die Entartung aufzuheben, d. h. um den Zustand exakt zu bestimmen. Hierzu suchen wir nach einem gemeinsamen System von Eigenvektoren zu den beiden Matrizen, d. h. zwei Vektoren $\vec{d}_1$ und $\vec{d}_2$, die sowohl Eigenvektoren zur Matrix C, als auch zu D sind.

Die Vektoren $\vec{d}_1 = (-1\ ,\ 1)^T$ und $\vec{d}_2 = (1\ ,\ 1)^T$ erfüllen diese Forderung. Wir können nun also durch Angabe der Messung von D exakt bestimmen, in welchem Zustand sich unser System befindet. Messen wir z. B. $c = 3$ und $d = -2$, so wissen wir, dass $\vec{d}_1$ der zugehörige Zustandsvektor ist. Messen wir hingegen $c = 3$ und $d = 4$, liegt Zustand $\vec{d}_2$ vor.

Dieses Vorgehen übertragen wir auf allgemeine Operatoren. Wir betrachten zwei hermitesche Operatoren $\hat{C}$ und $\hat{D}$, die kommutieren (vertauschen), d. h. für die der sogenannte Kommutator

$$\left[\hat{C}\ ,\ \hat{D}\right] = \hat{C}\hat{D} - \hat{D}\hat{C} = \hat{0}$$

verschwindet. In diesem Fall können wir einen vollständigen Satz von gemeinsamen Eigenzuständen finden. Die Zustände werden üblicherweise nach den zugehörigen Eigenwerten bezeichnet: Ist $|c\rangle$ der Eigenzustand zum Eigenwert c des Operators $\hat{C}$ und entsprechend $|d\rangle$ zum Eigenwert d von $\hat{D}$, dann wird der gemeinsame Eigenzustand durch $|c, d\rangle$ bezeichnet. Es gilt:

$$\hat{C}\,|c, d\rangle = c\,|c, d\rangle \quad \text{und} \quad \hat{D}\,|c, d\rangle = d\,|c, d\rangle\ .$$

In Abschn. 3.3 werden wir diese Tatsache benutzen und einen Algorithmus angeben, wie wir ein quantenmechanisches System genau charakterisieren können. Ein weiteres Beispiel, an dem wir die Entartung verdeutlichen, wird in Abschn. 4.1 diskutiert.

3.2.3 Postulat 3: Wahrscheinlichkeiten

Das dritte Postulat betrifft die Wahrscheinlichkeiten, mit denen wir die möglichen Messwerte erhalten. Wir wissen bereits, dass in der Linearkombination

$$|u\rangle = \sum_{n=1}^{\infty} c_n \, |u_n\rangle$$

die Quadrate der Koeffizienten $|c_n|^2$ die Wahrscheinlichkeit angeben, den zugehörigen Eigenzustand $|u_n\rangle$ zu messen (vgl. Abschn. 2.2.4). Wir überlegen nun, wie wir diese Koeffizienten für einen beliebigen Zustand $|u\rangle$ bestimmen können.

Wir betrachten folgende Linearkombination

$$\vec{a} = 0{,}6 \cdot \begin{pmatrix} 1 \\ 0 \end{pmatrix} + 0{,}8 \cdot \begin{pmatrix} 0 \\ 1 \end{pmatrix} = \begin{pmatrix} 0{,}6 \\ 0{,}8 \end{pmatrix}.$$

Weiter nehmen wir an, dass die verwendeten Standardbasisvektoren $\vec{e}_1$ und $\vec{e}_2$ Eigenzustände zu einer Observablen sind, die durch eine 2×2 Matrix beschrieben wird. Dann erhalten wir die Entwicklungskoeffizienten in der Linearkombination, indem wir das Skalarprodukt mit den Eigenzuständen bilden. So liefert z. B. aufgrund der Orthonormalität der Vektoren

$$\vec{e}_1^{\,T} \cdot \vec{a} = 0{,}6 \cdot \underbrace{(1{,}0) \cdot \begin{pmatrix} 1 \\ 0 \end{pmatrix}}_{=1} + 0{,}8 \cdot \underbrace{(1{,}0) \cdot \begin{pmatrix} 0 \\ 1 \end{pmatrix}}_{=0} = 0{,}6$$

den Koeffizienten, der zu $\vec{e}_1$ gehört. Die Wahrscheinlichkeit den Zustand $\vec{e}_1$ zu messen lautet: $\left(\vec{e}_1^{\,T} \cdot \vec{a}\right)^2$.

In der Quantenmechanik können wir allgemeine Zustände stets als Linearkombinationen von orthonormierten Eigenzuständen schreiben. Daher gilt ganz allgemein

$$\langle u_k | \, u\rangle = \sum_{n=1}^{\infty} c_n \, \langle u_k | \, u_n\rangle = c_k,$$

wobei wir nutzen, dass $\langle u_k | \, u_n\rangle$ den Wert eins ergibt, falls $n = k$ ist und sonst verschwindet. Die Wahrscheinlichkeit berechnet sich dann aus dem Quadrat: $|\langle u_k | \, u\rangle|^2$. Wir haben damit die Aussage des dritten Postulats hergeleitet:

Postulat 3 (Wahrscheinlichkeiten) *Die Wahrscheinlichkeit w, mit der bei einer Messung an der Observablen A im Zustand $|u\rangle$ der Messwert a angetroffen wird, berechnet sich durch:*

$$w(a, |u\rangle) = |\langle a|u\rangle|^2 ,$$

wobei $|a\rangle$ den zum Eigenwert a zugehörigen Eigenzustand vom entsprechenden Operator $\hat{A}$ bezeichnet.

3.3 Lösungsalgorithmus

Wir geben abschließend einen allgemeinen Lösungsalgorithmus an, mit dem wir quantenmechanische Probleme lösen können. Wir betrachten also ein quantenmechanisches System und nehmen an, dass wir dieses durch eine Observable A beschreiben können.

Im ersten Schritt müssen wir diese Observable als hermiteschen Operator $\hat{A}$ schreiben. Hierzu wird in der Regel der klassische Ausdruck, welcher die Beobachtungsgröße beschreibt, verwendet. In ihm werden alle klassischen Größen durch die bekannten quantenmechanischen Operatoren ersetzt (Korrespondenzregeln).

Im zweiten Schritt berechnen wir alle Eigenwerte a und die zugehörigen Eigenzustände $|a\rangle$. Sind diese nicht entartet, sind wir fertig und können unser System durch diese Eigenzustände eindeutig beschreiben.

Falls $\hat{A}$ entartete, d. h. mehrfache Eigenwerte besitzt, müssen wir eine zweite Observable B hinzuziehen. Diese beschreiben wir analog als hermiteschen Operator $\hat{B}$. Wir überprüfen zunächst, ob die beiden Operatoren kommutieren, d. h. gleichzeitig scharf messbar sind. Hierzu wird der Kommutator $[\hat{A}, \hat{B}]$ ausgerechnet. Verschwindet der Kommutator, so berechnen wir die gemeinsamen Eigenzustände von $\hat{A}$ und $\hat{B}$. Wieder überprüfen wir, ob noch entartete Eigenwerte vorliegen. Falls die Entartung vollständig aufgehoben ist und keine entarteten Zustände mehr vorliegen, sind wir fertig. In diesem Fall genügen $\hat{A}$ und $\hat{B}$ zur vollständigen Beschreibung des Systems. Falls immer noch entartete Zustände auftreten, müssen wir eine weitere Observable C hinzuziehen und analog verfahren.

Wir iterieren diesen Prozess, bis keine Entartung mehr vorliegt. So können wir sicher sein, dass die Operatoren $\hat{A}$, $\hat{B}$, $\hat{C}$ usw. das System vollständig beschreiben. In diesem Fall legt die Messung der Observablen den Zustand eindeutig fest. Die Operatoren bilden dann einen *vollständigen (maximalen) Satz von kommutierenden Operatoren.* Das Ziel jeder Beschreibung eines Quantensystems ist es also, einen solchen maximalen Satz zu finden.

Anwendungsbeispiele

4

Als Abschluss des *essentials* wenden wir unseren bisherigen Erkenntnisse auf drei Beispiele an. Ein Gedankenexperiment in Abschn. 4.1 verdeutlicht die Verwendung der Bra-Ket-Notation nach Paul Dirac und das Auftreten von entarteten Zuständen. Schrödingers Katze ist ein Standardbeispiel für die Überlagerung von Einzelzuständen und der Stern-Gerlach-Versuch demonstriert die konsequente Anwendung des mathematischen Formalismus.

4.1 Ein Gedankenexperiment mit Bauklötzen

Wir beginnen mit einem einfachen Gedankenexperiment, bei dem wir ein Formenspiel für Kinder betrachten (Abb. 4.1) und dieses mathematisch, im Rahmen der Quantenmechanik, beschreiben.

Das Spiel besteht aus Bauklötzen, die sich einerseits durch ihre Form (runder, quadratischer und dreieckiger Querschnitt) und andererseits durch ihre Farbe (weiß und grau) unterscheiden. Das Kind versucht die Bauklötze in einen Kasten zu bringen, wobei natürlich die passende Öffnung zur entsprechenden Form des Klotzes gefunden werden muss.

Wie passt dieses Spiel zur Quantenmechanik? Wir interpretieren die Bauklötze als quantenmechanische Teilchen. Die Eigenschaften Form und Farbe entsprechen dann zwei Observablen. Der Kasten kann schließlich als Messapparat für die Observable Form angesehen werden.

Wir wollen nun eine Basis für einen passenden Hilbertraum allgemein konstruieren. Die zugehörigen Operatoren $\hat{A}$ und $\hat{B}$ vertauschen, weil das Kind die Eigenschaften Form und Farbe unabhängig voneinander bestimmen kann. Sie

M. Pieper, *Quantenmechanik*, essentials,
https://doi.org/10.1007/978-3-658-28329-2_4

Abb. 4.1 Formenspiel für Kinder mit Bauklötzen

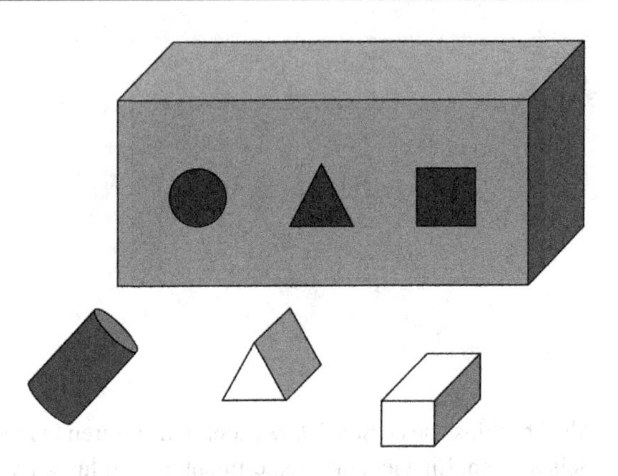

bilden also ein vollständiges System von kommutierenden Operatoren, da nur zwei Eigenschaften vorliegen. Wir können daher eine gemeinsame Basis aus Eigenvektoren zu den Eigenwerten (Messgrößen) Form und Farbe finden. Diese bezeichnen wir wie üblich in der Bra-Ket-Notation mit ihrem entsprechenden Messwert:

$$\hat{A}\,|r\rangle = r\ |r\rangle\ ,\quad \hat{A}\,|q\rangle = q\ |q\rangle \quad \text{und} \quad \hat{A}\,|d\rangle = d\ |d\rangle\ ,$$

wobei r für rund, q für quadratisch und d für dreieckig steht. Es ist also z. B. $|r\rangle$ der Eigenzustand von $\hat{A}$ zum Eigenwert r, der das mögliche Messergebnis rund repräsentiert.

Analog definieren wir die Eigenzustände zum Operator $\hat{B}$, der zur Observablen Farbe gehört:

$$\hat{B}\,|w\rangle = w\ |w\rangle \quad \text{und} \quad \hat{B}\,|g\rangle = g\ |g\rangle\ .$$

Hierbei steht w für das Messergebnis weiß und g für grau.

Die gemeinsamen Eigenzustände von $\hat{A}$ und $\hat{B}$ bezeichnen wir dann wie folgt:

$$|r,w\rangle\ ,\quad |r,g\rangle\ ,\quad |q,w\rangle\ ,\quad |q,g\rangle\ ,\quad |d,w\rangle \quad \text{und} \quad |d,g\rangle\ ,$$

wobei der erste Eintrag die Form und der zweite die Farbe angibt.

Was passiert nun, wenn das Kind mit den Bauklötzen spielt? Quantenmechanisch bestimmt es die Observable Form. Wenn ein Klotz durch die runde Öffnung passt, ist klar, dass sich das Teilchen im Zustand $|r\rangle$ befindet. Solange das Kind allerdings die Farbe noch nicht festgestellt hat, kann der Bauklotz sowohl weiß als auch grau sein. Es ist also offen, ob sich das Teilchen im Zustand $|r, w\rangle$ oder $|r, g\rangle$ befindet. Daher liegt ein entarteter Zustand vor. Erst wenn die zweite Observable Farbe bestimmt wird, ist die Entartung aufgehoben.

4.2 Schrödingers Katze

Bei Schrödingers Katze handelt es sich um ein Gedankenexperiment, das 1935 von Erwin Schrödinger vorgeschlagen wurde: Eine Katze wird in einer verschlossenen Kiste eingesperrt. Weiter befinden sich ein radioaktives Präparat, ein Geigerzähler und eine Giftampulle in der Kiste. Das Präparat zerfällt mit einer gewissen Wahrscheinlichkeit und wird vom Geigerzähler detektiert. Dieser löst eine Vorrichtung aus, welche die Giftampulle zerschlägt und die Katze stirbt.

Für das radioaktive Präparat existieren zwei Zustände: zerfallen $|z\rangle$ oder nicht zerfallen $|nz\rangle$. Diese überlagern sich zu einem allgemeinen Zustand $|u\rangle = c_1 |z\rangle + c_2 |nz\rangle$, wobei $|c_1|^2$ und $|c_2|^2$ die Wahrscheinlichkeiten für die Einzelzustände angeben.

Analog überträgt Schrödinger die Situation auf die Katze: Wir haben die beiden Zustände lebendig $|\ell\rangle$ bzw. tot $|t\rangle$. Den allgemeinen Zustand liefert die Linearkombination $|v\rangle = c_1 |t\rangle + c_2 |\ell\rangle$, mit den bekannten Wahrscheinlichkeiten für den Zerfall des Präparates, die sich für $|z\rangle$ und $|nz\rangle$ ergeben.

Diese Überlagerung liegt vor, solange wir nicht in die Kiste schauen und „messen", ob die Katze lebendig oder tot ist. Durch die Messung „kollabiert" die Wellenfunktion nach der Kopenhagener Deutung und wir erhalten einen der Einzelzustände. Gerade hier spielt uns die Vorstellung einen Streich: Die Überlagerung beider Zustände bedeutet, dass die Katze sowohl lebendig als auch tot ist, was nicht möglich ist.

Das Problem bei diesem Beispiel ist, dass wir quantenmechanische Begriffe auf die makroskopische Welt übertragen. Zur Lösung dieses Paradoxons existieren unterschiedliche Ansätze, z. B. die Viele-Welten-Interpretation oder die Bohm'sche Mechanik. Eine weitere Erklärung kann in [4] Abschn. 10.5 gefunden werden.

Paul Dirac warnt in diesem Kontext (vgl. [8], Kap. 4), dass es sich bei der Superposition von quantenmechanischen Zuständen um etwas völlig Neues handelt, auf das kein klassisches Bild übertragen werden sollte. Es besteht ein essentieller

Unterschied zu allen existierenden klassischen Bildern. Letzten Endes handelt es sich lediglich um eine mathematische Theorie, d. h. ein Tool, das zur Beschreibung quantenmechanischer Vorgänge herangezogen wird.

4.3 Der Stern-Gerlach-Versuch

Beim Stern-Gerlach-Versuch werden ungeladene Teilchen (z. B. Silberatome) im Vakuum beobachtet. Die Teilchen verlassen eine Quelle und werden anschließend zu einem Strahl fokussiert, der auf einem Schirm detektiert wird. Das Resultat ist ein Fleck in der Mitte. Der Fleck spaltet sich auf, wenn der Strahl ein Magnetfeld passiert. Verläuft das Feld in z-Richtung, so beobachten wir zwei getrennte Flecken mit gleichem Abstand von der Mitte des Schirms, in z-Richtung symmetrisch nach oben und unten verschoben (vgl. Abb. 4.2).

Diese Beobachtung kann mit der klassischen Physik nicht erklärt werden, da sich hier die Teilchen gleichmäßig in z-Richtung zwischen den beiden beobachteten Flecken verteilen würden (vgl. Abb. 4.2). Es handelt sich also um einen quantenmechanischen Effekt, den wir mit unserem Formalismus beschreiben und untersuchen wollen.

Was benötigen wir zur Beschreibung? Zunächst müssen wir den Hilbertraum $\mathcal{H}$ angeben, zu dem die Zustände gehören. Anschließend betrachten wir die Energie und führen einen Operator ein, der die entsprechende Observable beschreibt.

Wir beobachten zwei Strahlen: nach oben abgelenkt (+) oder nach unten abgelenkt (−). Wir haben also zwei Zustände, in denen sich ein Teilchen am Schirm befinden kann. Diese bezeichnen wir mit $|+\rangle$ und $|-\rangle$. Einen beliebigen Zustand

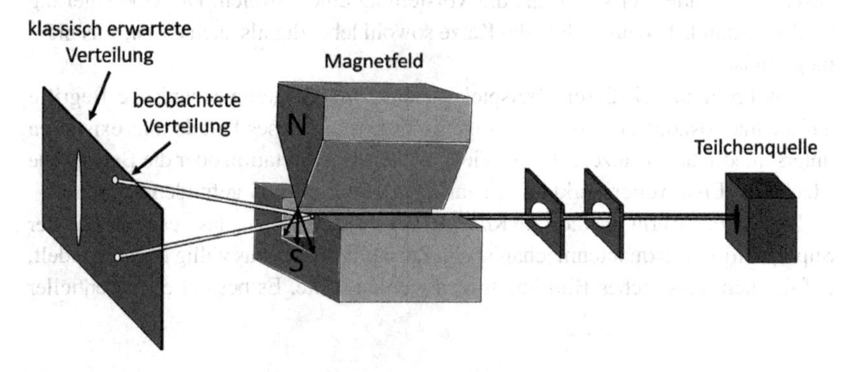

Abb. 4.2 Versuchsaufbau zum Stern-Gerlach-Versuch

erhalten wir als Überlagerung der beiden Zustände, d. h. mathematisch als Linearkombination

$$|u\rangle = u_+ \, |+\rangle \, + u_- |-\rangle$$

mit geeigneten Koeffizienten $u_+, u_- \in \mathbb{C}$, deren Quadrate die zugehörigen Wahrscheinlichkeiten angeben.

Zwei Zahlen genügen also zur Beschreibung der Zustände. Wir können daher jeden Zustand als Vektor mit zwei Komponenten schreiben. Dazu identifizieren wir die beiden Grundzustände $|\pm\rangle$ mit den Standardbasisvektoren. Wir erhalten für $|u\rangle$ Folgendes:

$$|+\rangle \mathrel{\widehat{=}} \begin{pmatrix} 1 \\ 0 \end{pmatrix}, \quad |-\rangle \mathrel{\widehat{=}} \begin{pmatrix} 0 \\ 1 \end{pmatrix} \quad \Rightarrow \quad |u\rangle \mathrel{\widehat{=}} \begin{pmatrix} u_+ \\ u_- \end{pmatrix} = u_+ \begin{pmatrix} 1 \\ 0 \end{pmatrix} + u_- \begin{pmatrix} 0 \\ 1 \end{pmatrix}.$$

Als einfache Konkretisierung für unseren Hilbertraum $\mathcal{H}$ bietet sich also $\mathcal{H} = \mathbb{C}^2$ an, mit entsprechender Normierung, damit die Gesamtwahrscheinlichkeit eins ist. Diese Beobachtung ist wichtig, da wir jetzt wissen, dass die Operatoren auf $\mathcal{H}$, welche die Observablen beschreiben, 2×2 Matrizen mit komplexen Einträgen sind.

Wir betrachten nun die Observable Energie: Das Teilchen mit dem magnetischen Moment $\vec{\mu} \in \mathbb{R}^3$ besitzt klassisch die Wechselwirkungsenergie $H = -\vec{\mu} \cdot \vec{B}$ mit dem Magnetfeld $\vec{B} \in \mathbb{R}^3$ (vgl. [9], Abschn. 3.3.2). Die Vektoren sind hierbei dreidimensional, d. h. $\vec{\mu} = (\mu_1, \mu_2, \mu_3)^T$ und $\vec{B} = (B_1, B_2, B_3)^T$. Das Magnetfeld ist im Experiment fest vorgegeben. Wir können also nur das Moment $\vec{\mu}$ quantisieren, d. h. im Rahmen des Korrespondenzprinzips als Operator auffassen. Hierzu berechnen wir das Skalarprodukt der beiden Vektoren:

$$H = -\vec{\mu} \cdot \vec{B} = -\left(\mu_1 \cdot B_1 + \mu_2 \cdot B_2 + \mu_3 \cdot B_3\right).$$

Der zugehörige Hamiltonoperator wird auf die Zustandsvektoren $|\pm\rangle \in \mathbb{C}^2$ angewendet:

$$\begin{aligned} \hat{H}\,|\pm\rangle &= -\left(\hat{\mu}_1 \cdot B_1 + \hat{\mu}_2 \cdot B_2 + \hat{\mu}_3 \cdot B_3\right)|\pm\rangle \\ &= -\left(\hat{\mu}_1\,|\pm\rangle \cdot B_1 + \hat{\mu}_2\,|\pm\rangle \cdot B_2 + \hat{\mu}_3\,|\pm\rangle \cdot B_3\right). \end{aligned}$$

Die drei Komponenten $\hat{\mu}_i$ des magnetischen Moments – als Operatoren aufgefasst – sind also 2×2 Matrizen mit komplexen Einträgen. Um diese Matrizen näher bestimmen zu können, werden Eigenschaften herangezogen, die sich aus physikalischen Beobachtungen und Forderungen ergeben. Für eine detaillierte Rechnung verweisen wir auf die Literatur, z. B. [8], Kap. 37 und betrachten hier nur beispielhaft die Energiemessung:

Aus dem Experiment folgt, dass wir nur zwei diskrete Werte für $H = -\vec{\mu} \cdot \vec{B}$ messen können: $\mp\mu_0 B$, wobei wir mit $B = |\vec{B}|$ die Stärke des Magnetfeldes bezeichnen und sich μ_0 aus den Positionen der beiden beobachteten Flecken ergibt. Wir haben „$\mp$" als Vorzeichen, weil in der Formel für H ein Minuszeichen auftritt. Die Energiemesswerte stimmen mit den Eigenwerten des zugehörigen Operators überein. Es gilt also

$$\hat{H}\,|\pm\rangle = \mp\mu_0 B\,|\pm\rangle\,. \tag{4.1}$$

In unserem Versuch verläuft das Magnetfeld in z-Richtung, d. h. die erste und zweite Komponente des Magnetfeldvektors verschwinden: $B_1 = B_2 = 0$. Daher ist $B_3 = B$ und $\hat{H}$ reduziert sich zu $\hat{H} = -\hat{\mu}_3 B$. Wir setzen diese Beziehung in Gl. 4.1 ein und kürzen $-B$:

$$-\hat{\mu}_3 \cancel{B}\,|\pm\rangle = \mp\mu_0 \cancel{B}\,|\pm\rangle \;\Rightarrow\; \hat{\mu}_3\,|\pm\rangle = \pm\mu_0\,|\pm\rangle\,. \tag{4.2}$$

Mit der Matrix

$$\hat{\mu}_3 := \mu_0 \begin{pmatrix} 1 & 0 \\ 0 & -1 \end{pmatrix}$$

ist die Bedingung aus Gl. 4.2 für die Standardbasisvektoren erfüllt. Durch Heranziehen von weiteren Eigenschaften, z. B. dass die Operatoren hermitesch sein müssen ($\hat{\mu}_i^+ = \hat{\mu}_i$), können auch die restlichen Matrizen bestimmt werden:

$$\hat{\mu}_1 := \mu_0 \begin{pmatrix} 0 & 1 \\ 1 & 0 \end{pmatrix} \quad \text{und} \quad \hat{\mu}_2 := \mu_0 \begin{pmatrix} 0 & -i \\ i & 0 \end{pmatrix}.$$

Bei diesen Matrizen (ohne den Faktor μ_0) handelt es sich um die Pauli-Spinmatrizen, ein erstes Indiz dafür, dass der Spin der Teilchen für die beobachtete Aufspaltung der Strahlen verantwortlich ist.

Die Kommutatoren

$$[\hat{\mu}_1\,,\,\hat{\mu}_2] = 2i\mu_0\hat{\mu}_3\,,\quad [\hat{\mu}_1\,,\,\hat{\mu}_3] = -2i\mu_0\hat{\mu}_2 \quad \text{und} \quad [\hat{\mu}_2\,,\,\hat{\mu}_3] = 2i\mu_0\hat{\mu}_1,$$

zeigen, dass die Matrizen $\hat{\mu}_i$ nicht vertauschen. Das Ergebnis ist typisch für Drehimpulsgrößen. Ein Vergleich mit der Poissonklammer aus der klassischen Mechanik zeigt, dass das Ergebnis zu einer Drehimpulsgröße passt (vgl. [10], Abschn. 2.4 und [11], Abschn. 5.1.1). Diese Beobachtung legt es Nahe, dass die unbekannte Eigenschaft (Spin) eine „drehimpulsähnliche" Größe ist, die das entsprechende magnetische Moment nach sich zieht. Für mehr Details zum Spin verweisen wir wieder auf die Standardlehrbücher.

Was Sie aus diesem *essential* mitnehmen können

In dieser Einführung in die mathematische Formulierung der Quantenmechanik haben Sie...

- an Hand von Beispielen diskrete und entartete Energieniveaus analysiert
- hermitesche Operatoren nach den Korrespondenzregeln zur Beschreibung von Observablen aufgestellt
- die Bedeutung von quantenmechanischen Zustandsvektoren im Hilbertraum untersucht
- Eigenwerte von hermiteschen Operatoren als Messwerte interpretiert
- Auftrittswahrscheinlichkeiten für Messwerte berechnet
- drei Postulate zur mathematischen Beschreibung von quantenmechanischen Systemen beispielhaft angewendet

M. Pieper, *Quantenmechanik*, essentials,
https://doi.org/10.1007/978-3-658-28329-2

Literatur

1. HUEBENER, R.P. ; SCHOPOHL, N.: *Die Geburt der Quantenphysik*. Springer Spektrum: Wiesbaden, 2016.
2. ORZEL, C.: *Schrödingers Hund: Quantenphysik (nicht nur) für Vierbeiner.* Springer: Berlin Heidelberg, 2011.
3. NOLTING, W.: *Grundkurs Theoretische Physik 5/1: Quantenmechanik - Grundlagen.* Achte Auflage. Springer Spektrum: Berlin Heidelberg, 2013.
4. REBHAN, E.: *Theoretische Physik: Quantenmechanik.* Spektrum Akademischer Verlag: Heidelberg, 2008.
5. VON NEUMANN, J.: *Mathematische Grundlagen der Quantenmechanik.* Zweite Auflage. Springer: Berlin Heidelberg, 1996.
6. GASIOROWICZ, S.: *Quantenphysik.* Oldenbourg: München, 2005.
7. GROẞMANN, S.: *Funktionalanalysis im Hinblick auf Anwendungen in der Physik.* Fünfte Auflage. Springer Spektrum: Wiesbaden, 2014.
8. DIRAC, P.A.M.: *Principles of Quantum Mechanics.* Vierte Auflage. Oxford University Press: Oxford, 1958.
9. NOLTING, W.: *Grundkurs Theoretische Physik 3: Elektrodynamik.* Zehnte Auflage. Springer Spektrum: Berlin Heidelberg, 2013.
10. NOLTING, W.: *Grundkurs Theoretische Physik 2: Analytische Mechanik.* Neunte Auflage. Springer Spektrum: Berlin Heidelberg, 2014.
11. NOLTING, W.: *Grundkurs Theoretische Physik 5/2: Quantenmechanik - Methoden und Anwendungen.* Siebte Auflage. Springer Spektrum: Berlin Heidelberg, 2012.

M. Pieper, *Quantenmechanik,* essentials,
https://doi.org/10.1007/978-3-658-28329-2